孩子你相信吗
？
不可思议的自然科学书

青苔，
城市的守护者

〔韩〕姜京儿/文　〔韩〕韩秉浩/图　章科佳 邹长澎/译

青苔生长在树林阴暗的地方。

U0391322

CⁿS 湖南少年儿童出版社·长沙
HUNAN JUVENILE & CHILDREN'S PUBLISHING HOUSE

有一天，森林的入口处停满了大卡车。
从车上下来的人开始砍伐树木。
没有树荫遮蔽的大地在炙热的阳光下被烤干，
扬起阵阵尘土。
青苔生活的地方一天之间全部消失，
只得恋恋不舍地离开。

蜗牛爬出来吸食清晨的露水，
不由得瞪大了眼睛，
昨天还在那里玩过的林间游乐场竟然消失了。

啊！游乐场呢？

蜗牛的游乐场就是青苔生长的地方。
青苔能够吸纳周边的水分，膨胀好几倍。
这样森林的地面就好像铺上一层厚厚的毛毯。
蜗牛和朋友们就在青苔上面愉快地玩耍。

蜗牛围着空空的游乐场转了好几圈，就去
小溪喝水了。

不过溪水看起来并不清澈。

蜗牛迟疑了一会儿，还是喝了下去，但很
快又全部吐了出来。

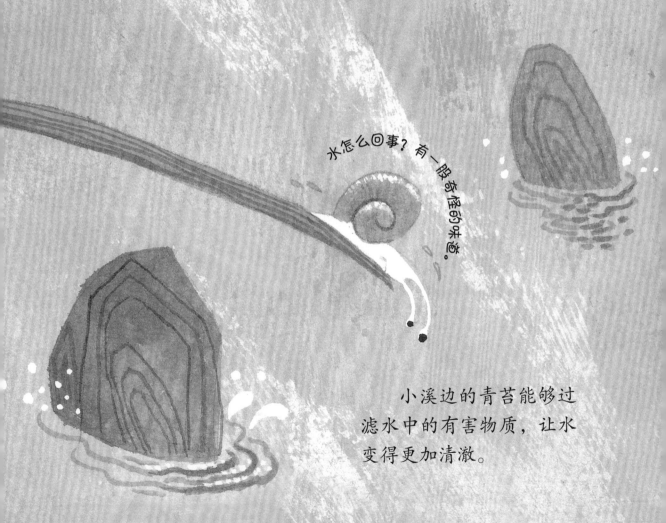

水怎么回事？有一股奇怪的味道。

小溪边的青苔能够过
滤水中的有害物质，让水
变得更加清澈。

7

森林那边跑过来两只狍子，不停地干咳。

道路上飞驰而过的汽车所产生的尾气直接进入了森林。

蜗牛也开始不断咳嗽，嗓子痒痒的。

空气也变了。

汽车尾气是有害的，
青苔能够吸附尾气，净化空气，
而在道路旁的青苔因为尾气，
往往会变成褐色，或长出白色斑点，
这说明空气质量非常不好。

原来树下的蝉虫已经乱作一团。
因为它们的粮仓和家园都消失了。
而蜘蛛则趁乱将其一网打尽，饱餐了一顿。

咦，去哪里了？

青苔生长会形成腐殖土，而大小树木在腐殖土的滋养下快速生长，形成茂密的树林。

青苔还是很多动物的食物，小到蜱虫和跳虫等小型昆虫，大到驯鹿与刚从冬眠中苏醒的熊等。

一只褐河乌低着头低空飞过，蜗牛顿时吓了一大跳。

褐河乌是一种在溪水边筑巢栖息的留鸟。

现在好像努力地在寻找什么。

蜗牛在等着褐河乌快点飞走。

咦，它在找什么呢？

褐河乌是在找青苔。
青苔是鸟儿筑巢的好材料。
鸟巢上有缝隙的话，
就不能安全地孵卵，
这时候就需要用柔软的青苔将其填满。

13

蜗牛光把心思放在褐河乌身上了，
差点儿被熊踩到。
熊一瘸一拐地走了过来。

熊的脚好像受伤了。

14

没错！受伤的熊在仔细查看周边，
它也在找青苔，
因为有的青苔可以治疗伤口，
其中的苯酚成分有止血、消毒的功效。

蜗牛终于找到了一块阴暗处，
在那里一动也不想动。
但是它的外壳还是越来越干。
蜗牛只能慌忙地寻找更阴暗的地方。
因为照此下去，背上的壳会开裂的。

青苔生长在林中树木的根部，
或者环绕树干生长。
这并不会对树木产生伤害，
反而可以防止树皮变干，
帮助植物释放氧气，
让森林环境更加舒适。

阴暗处也没用了。这里越来越干枯。

17

蜗牛在越来越小的阴暗处，
想了又想。

18

"小草、小溪都没变，
动物们、昆虫们也都没变，
到底是什么变了呢？"

什么变了？

不是小溪，也不是草，
但曾经树上也有，地上也有，
小溪里也有的东西！
蜗牛感觉到脑海中有个东西的样子越来越清晰：
"没有了青苔，才让这里变成这般满目疮痍的模样。"

就是青苔呀。

蜗牛向着树林深处的湿地出发了，
因为风儿告诉它那里就有青苔。
一路都是陡峭险峻的山路，
它中途也不休息，一路向前。
每当感到累的时候，
总会想起在远处的青苔。

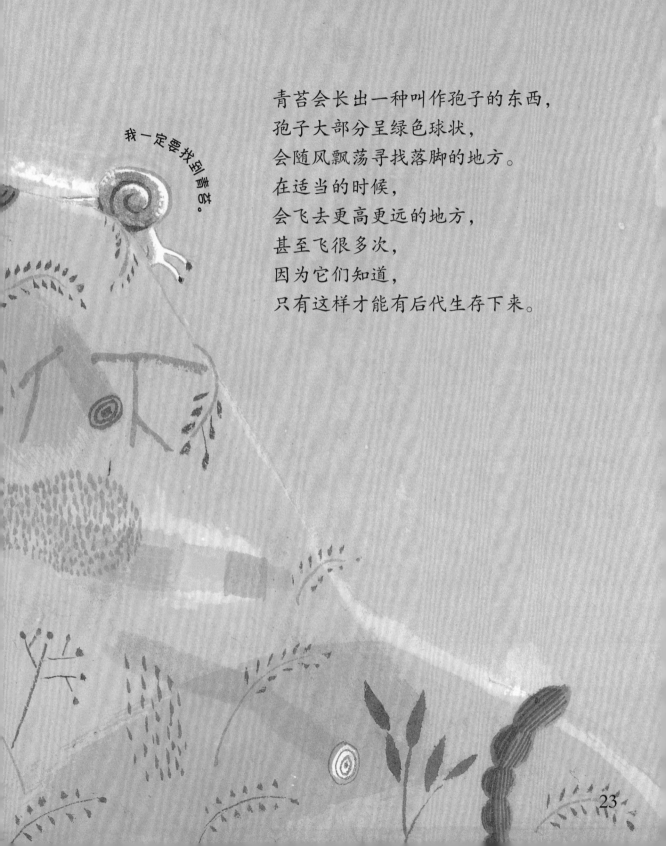

我一定要找到青苔。

青苔会长出一种叫作孢子的东西，
孢子大部分呈绿色球状，
会随风飘荡寻找落脚的地方。
在适当的时候，
会飞去更高更远的地方，
甚至飞很多次，
因为它们知道，
只有这样才能有后代生存下来。

马上就要到湿地了。
天空突然阴云密布，开始下起雨来。
一开始雨还很小，后来越下越大。
哗啦哗啦！

大事不好！泥土都被冲刷下来了！

24

要是有树根或者青苔就好了，它们可以牢牢地抓住土壤。

青苔的假根就像带有黏性的爪子，紧紧地抓住土壤，防止其发生位移。

然而，现在马上就要暴发泥石流啦。

呃啊

最终，蜗牛被眼前的泥石流淹没了。

啊啊啊啊啊！！

不知道过了多久，蜗牛回过神来，才发现雨停了，周围静悄悄的。

　　它探出脑袋，环顾了一下四周。

　　泥土、小树还有小草都混杂在一起，眼看着历经大风大雨都屹立不倒的树林变成了这个样子，蜗牛都气蒙了。

就在蜗牛还在发愣的时候，突然发现眼前已经出现了一些青苔。

　　蜗牛忍不住流出喜悦的泪水。

　　"青苔呀，和我一块回去吧，嗯？为了我们森林的小伙伴，和我一块回去吧。"

　　青苔看着蜗牛，眼前又浮现出森林以前的样子。

青苔下定决心，要重新装点森林里的绿色游乐场。

虽然需要点时间，但它想和蜗牛共同努力。

如果大家在森林深处，看见一只壳上背着青苔的蜗牛，请热情地跟它打招呼吧。

因为青苔和蜗牛正为了让森林重新焕发生机而努力呢。

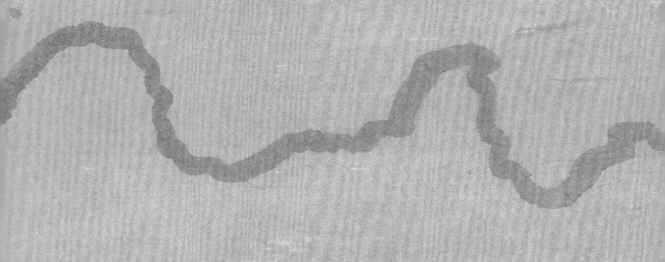

青苔呀，也救救我们生活的城市吧。

青苔，你是谁？

虽然不起眼，但是随处可见的青苔，一直以来都在守护着我们的地球。

什么是青苔？

青苔为苔藓类植物，它具有叶绿体，是一种可以进行光合作用的绿色植物。全世界有苔藓植物 23 000 余种，地球表面约有 6% 被其覆盖。青苔生命力强，充满韧性，甚至在宇宙空间也能存活。

青苔的特性

青苔不开花，根茎叶区分不明显。根是假根，只起到支撑的作用。维管束不发达，依靠全身吸收水和养分。大部分青苔很小，长度为 1~10 厘米。

青苔生长的地方

青苔喜阴湿，常见于石墙、阴湿的院子、潮湿的树林深处以及小溪边的岩石或沼泽的边缘，连其他植物很难扎根的地方也能看到它的身影。它的分布十分广泛，无论是高温多雨的地方，还是低温潮湿的地方，甚至是冰雪覆盖的极地和高山山顶，它都能生长。

常见的青苔——地钱

地钱茎绿根白，外形如伞状，不能区分茎叶。雌株呈撑开的伞骨状，而雄株则像是被吹翻的伞。

常见的青苔——金发藓

金发藓茎绿根白，外形如松针，可以区分茎叶。金发藓的雌株比较高大，顶端有孢蒴；而雄株只有茎和叶。

环境指示物——青苔

青苔可以生长在人类难以生存的环境中，用途非常广泛。

涵养雨水

青苔涵养水分的重量是其自重的 5 倍，下大雨的时候，能够防止泥土被雨水冲刷带走。因其出色的吸水能力，生活在苔原的涅涅茨人还用青苔做婴幼儿尿不湿。

生态界的栖息地和草食动物的食物

青苔在泥土中最先萌发，为其他生物提供栖息地。青苔和泥土混合形成腐殖土，为植物扎根创造了条件，并为动物提供栖息地和养分。

地球的制氧机

根据美国国立科学院的研究表明，约 4 亿 6000 万年之前，青苔就出现在地球上，并开始释放氧气。制氧量占地球氧气的 30% 以上，因此青苔在生态系统的维系上有非常重要的作用。

环境指示物——青苔

青苔对大气污染、干旱等环境变化非常敏感，因此作为环境指示物的利用价值很高。当环境污染变严重时，青苔就会生长缓慢或停止生长，用来提示环境的变化；1~4 周后，青苔干枯死亡则说明环境污染十分严重。特别是苔原地区广泛分布的苔藓群落，起到了充当封存地球温室气体的储藏室的作用。

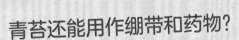

青苔还能用作绷带和药物？

一种叫作泥炭藓的青苔可用作绷带包扎伤口，第一次世界大战的时候，医护人员就将泥炭藓用于外科止血治疗。在中国，将其同食用油混合后，还用于治疗湿疹、割伤、烧伤等。

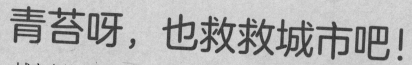

青苔呀，也救救城市吧！

城市中的建筑林立以及高温让人异常憋闷。青苔在解决城市环境问题方面，又能发挥什么样的作用呢？

隔音、隔热的屋顶庭院

在建筑的屋顶铺上青苔，就能减少外部传来的噪声，阻隔外部的热浪。使用青苔砖块进行实验后的结果显示，青苔砖块能够降低室内温度 0.4~0.9 度，相应地也减少了室内的能耗。

空气净化器

在打造室内庭院时，使用青苔，或在花盆上铺上青苔就能保证土壤的湿润，还有助于调节室内湿度和净化空气。除此之外，用青苔包裹贵重的菌类或人参，可以有效延长保存时间。

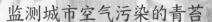

监测城市空气污染的青苔

日本福井县立大学的研究结果显示，青苔能够监测空气中的氮污染。美国林业部还开发了利用青苔来检测大气中镉含量的技术。与其他植物相比，青苔的根短且脆弱，在充分吸收大气中水蒸气和养分的同时，也吸纳了大气中的化合物。

起到种植数十棵树木效果的青苔墙

有研究证明在宽高各1~2米的墙上种满青苔，能够起到种植数十棵树木的效果。青苔墙同物联网相结合，一年最多可过滤240吨空气中的PM2.5、氮氧化物及二氧化碳。青苔体积小，效果好，将其种植在城市建筑物的墙面，能够有效地净化空气。

未来的粮食——青苔

青苔可用来应对未来的粮食危机。它营养丰富，维生素和微量元素含量是土豆的三倍多。

缓解城市热岛效应的"空调"

青苔还能缓解城市热岛效应。在公园步行道的两旁铺上青苔，可以降低从地面上升的热气以及空气中的热气，让人觉得非常舒适。

城市需要青苔

我曾经去过人迹罕至的地方，见过那里的高山、溪谷，以及它们之间的小径，那片被茂密的森林和青苔覆盖的土地，好像铺上一层绿色的绒毯。

哪怕只是静静地看着，内心就会无比地恬静和安宁。

不用非得去到树林，在我们周边就有青苔。

市中心的小公园，经常走过的小道，甚至阳台上的花盆都有它的踪迹，只是我们没有留意过。

尽管城市里遍地高楼大厦，人们也都会见过青苔。

但是有人认为青苔会破坏城市的整洁，而将它们一一铲除。

不知怎么的，人们就是对喜阴湿的青苔有抗拒心理，我一开始的时候就是这样。

后来偶然看到了蕾切尔·卡森的《万物皆奇迹》一书中的青苔图片，接着又了解到青苔是一种非常有用的神奇植物。

于是，也想让小朋友们知道青苔的各种用途。

地面、树干、石墙上默默生长的青苔可不是一无是处的。

就像我们穿内衣来保暖一样，地面上的青苔也能发挥调节环境的作用。

在全球变暖的影响下，各种台风、暴雨、干旱等灾害天气频发。人们也感受到了危机，做出了节约能源等各种努力。

其中，在建筑物的屋顶和墙面上分别设置青苔庭院和青苔墙，能够降低城市的温度，净化空气，从而相应地减少能源消耗。

希望大家在阅读本书后，在为环保贡献自己力量的时候，能够想起青苔的用处。

孩子你相信吗？
——不可思议的自然科学书

297.20 元/全 14 册

来自
太空的垃圾

小土龙
神秘失踪案件

是谁
吃掉了森林？

哭泣的
鳄鱼皮包

天上落下了
恐龙尿

是谁复活了
森林？

将军岩的
八字胡

来历不明的
沉洞

离家出走的
蜜蜂

可怕的光污染

会发电的足球

烦人的噪声，
快停下！

吞噬鲸鱼的
怪物

青苔，
城市的守护者

Moss, Save the City!

Text Copyright © Kang Gyeonga

Illustration Copyright © Han Byoungho

Original Korean edition was first published in Republic of Korea by Weizmann BOOKs, 2019

Simplified Chinese Copyright © 2023 Hunan Juvenile & Children's Publishing House

This Simplified Chinese translation rights arranged with Weizmann BOOKs through The ChoiceMaker Korea Co.

All rights reserved.

图书在版编目（CIP）数据

青苔，城市的守护者 /（韩）姜京儿文；（韩）韩秉浩图；章科佳，邹长澎译. —长沙：湖南少年儿童出版社，2023.5

（孩子你相信吗？：不可思议的自然科学书）

ISBN 978-7-5562-6831-3

Ⅰ.①青… Ⅱ.①姜…②韩…③章…④邹… Ⅲ.①苔藓植物—少儿读物 Ⅳ.①Q914.82-49

中国国家版本馆CIP数据核字（2023）第061145号

孩子你相信吗？——不可思议的自然科学书

HAIZI NI XIANGXIN MA? —— BUKE-SIYI DE ZIRAN KEXUE SHU

青苔，城市的守护者

QINGTAI, CHENGSHI DE SHOUHUZHE

总　策　划：周　霞　　　　策划编辑：吴　蓓

责任编辑：钟小艳　　　　营销编辑：罗钢军

排版设计：雅意文化　　　　质量总监：阳　梅

出　版　人：刘星保

出版发行：湖南少年儿童出版社

地　　　址：湖南省长沙市晚报大道 89 号（邮编：410016）

电　　　话：0731-82196320

常年法律顾问：湖南崇民律师事务所　柳成柱律师

印　　　刷：湖南立信彩印有限公司

开　　本：889 mm×1194 mm　1/16　　印　　张：2.75

版　　次：2023 年 5 月第 1 版　　　印　　次：2023 年 5 月第 1 次印刷

书　　号：ISBN 978-7-5562-6831-3

定　　价：19.80 元